A percepção do pai Canguru acerca do Método Canguru

Andréia de Fátima
Cleide José Vieira Campos
Cristiano Alves Rodrigues
Tatiana de Souza Augusto

A percepção do pai Canguru acerca do Método Canguru

Belo Horizonte

2009

Agradecimentos

A Deus, designer das nossas vidas, que desenhou nossa trajetória por sustentar nosso sonho e torná-lo realidade. Obrigado por fortalecer nossos laços de amizade e o companheirismo entre o grupo.

As nossas famílias pelo apoio, carinho e por nunca deixarem de acreditar em nós. Vocês contribuíram para que nosso sonho se tornasse possível.

Aos nossos amores, que compartilharam os prazeres e dificuldades desta jornada.

A nossa coordenadora, orientadora, professora doutora Matilde Meire Miranda Cadete, pela contribuição e realização deste projeto, por compartilhar seu conhecimento, sabedoria, bondade, dedicação e paciência.

Aos funcionários do Hospital Sofia Feldman pela atenção e experiência transmitidas principalmente as funcionárias do PID-NEO.

Vocês fazem parte dessa vitória.

Arte da capa - Lisa Consultoria Criativa

Dados da catalogação de publicação

R696a Rodrigues, Cristiano – 1985
A Percepção do Pai Canguru acerca do Método Canguru - 1.Ed.

Belo Horizonte/MG - Editora Independente
Ano 2009
77p.:21 cm

ISBN: 978-65-00-46320-0

1. Educação 2- Saúde Infantil 3- Neonatologia
2. Setor canguru de um hospital local de Belo Horizonte.

I- Titulo - II- Rodrigues Cristiano, Fátima de Andreia, José Cleide, Souza de Tatiana

CDD - 370

CDU - 57

SUMÁRIO

Epígrafe

A dádiva

Há os que dão pouco do muito que possuem, e
fazem-no para serem elogiados, e seu desejo
secreto desvaloriza suas dádivas.
Há os que pouco têm e dão-nos inteiramente.
Esses confiam na vida e na generosidade da vida e
seus cofres nunca se esvaziam.
Há os que dão com alegria e essa alegria é sua
recompensa.
Há os que dão com pena, e essa pena é seu
batismo.
E há os que dão sem sentir pena, nem buscar
alegria e sem pensar na virtude.
Dão, como num vale o mirto espalha sua fragrância
no espaço.
Pelas mãos de tais pessoas Deus fala; e através de
seus olhos Ele sorri para o mundo.
(Kahlil Gibran)

RESUMO

O presente estudo teve como objetivo compreender a percepção do pai em relação ao método canguru que realiza com o recém-nascido prematuro. Para viabilizar este objetivo elegemos a pesquisa qualitativa. O estudo foi realizado na Unidade de Cuidados Intermediários -UCI, do Hospital Sofia Feldman. A entrevista aberta, com duas questões norteadoras foi o instrumento de coleta de dados eleito para obtenção dos depoimentos dos pais. Estes, em número de sete responderam às questões; O que significa para você ser um pai canguru? Como percebe a reação do seu filho no contato pele a pele com você? De posse das entrevistas e fundamentados em Minayo (2001) construímos três categorias empíricas de análise: O ser pai canguru; Posição canguru é dar /receber tranquilidade e o Métoco canguru. Este estudo mostrou-nos que cuidar do recém-nascido, no âmbito hospitalar, via posição canguru, enfocou amor, tranquilidade, cuidado integral, aproximação/vínculo pai e filho e ao mesmo tempo segurança passada para os pais

Apontou também que há desafios que precisam ser vencidos, como, por exemplo, ter uma vestimenta adequada para os pais que realizam a posição canguru e maior sensibilização da equipe de saúde e da família para a implementação efetiva da posição canguru.

Palavras chaves: Método canguru. Recém-nascido. Prematuridade.

ABSTRACT

This study aimed to understand the perception of the father in relation to the kangaroo method that performs with the newly born premature. To attain this objective we have chosen qualitative research. The study was conducted at the Intermediate Care Unit-ICU, Hospital Sofia Feldman. The interview opened with two guiding questions was the instrument of data collection elected to obtain statements from parents. These, in number seven responded to the questions, What does it mean for you to be a father kangaroo? How do you see the reaction in your child's skin to skin contact with you? Armed with the interviews and based on Minayo (2001) constructed three categories of empirical analysis: The parenting method; kangaroo position is to give and receive peace and the kangaroo method. This study

showed us that taking care of newborns in the hospital via the kangaroo position, focused on love, peace, integral care approach / father and son bond while the past safety for parents
It also showed that there are challenges that must be overcome, for example, have an adequate clothing for parents who realize the kangaroo position and awareness of the health team and family for the effective implementation of the kangaroo position.

Key words: Kangaroo mother care. Newborn. Prematurity.

1 INTRODUÇÃO

A prematuridade tem se tornado cada vez mais um problema de saúde pública. Cumpre registrar, entretanto, que as ações implementadas no país, na última década, contribuíram para o declínio da mortalidade infantil pós-neonatal. Entre essas ações podemos citar: incentivo ao aleitamento materno, imunizações, além de aumento da cobertura dos serviços de saúde e ampliação do saneamento básico, entre outros (VICTORA,2001).

Outra ação que consideramos como coadjuvante nesse declínio é o Método Canguru - MC que consiste numa forma humanizada e eficaz de cuidar de recém-nascidos de baixo peso, ou pré-termo e sua família, baseado no exemplo dos marsupiais, como o canguru, que terminam a formação de seus filhotes dentro do marsúpio (bolsa), recebendo o calor da própria mãe em contato direto com sua pele. O método, entre outros benefícios, estimula o aleitamento materno e o fortalecimento dos laços afetivos mãe – bebê – família (CAETANO, SCOTHI, ANGELO, 2005).

O MC foi proposto pelo Dr Edgar Rey Sanabria, no Instituto Materno Infantil de Bogotá, como alternativa ao cuidado tradicional para os recém-nascidos com baixo peso ao nascer, e foi implementado pela primeira vez no Hospital San Juan de Dios em Bogotá, Colômbia, em 1979. O objetivo principal desse autor era solucionar a pouca disponibilidade de equipamentos, que obrigava as equipes de saúde a colocar dois ou três recém-nascidos juntos na mesma incubadora, com conseqüente alta taxa de mortalidade por infecções cruzadas (CHARPAK, CALUME, HAMEL,1999).

Segundo o Ministério da Saúde (2002) há várias vantagens advindas desse método, tais como: diminui o tempo de separação do recém-nascido com a família; facilita o controle térmico da criança; diminui as doenças e infecções hospitalares; proporciona maior confiança e competência dos pais no manuseio do recém-nascido e diminui a permanência do recém-nascido no hospital.

Estudando temas inerentes ao desenvolvimento da criança, tanto nas disciplinas de psicologia em saúde e o cuidar da criança e do adolescente e, mais especificamente, na disciplina o cuidar da mulher e do recém-nascido, aprofundar conhecimentos relativos aos cuidados com o recém-nascido prematuro nos despertou grande interesse. Somada a essa nossa intenção, a experiência de uma colega, nesse espaço de cuidar humano, ou seja, em seu local de trabalho, onde teve a oportunidade de vivenciar as nuances de mulheres que realizavam o método canguru fez com que o nosso grupo despertasse ainda mais o nosso desejo de aprimorar conhecimento acerca do Método Canguru.

Registra-se, no entanto, que o nosso interesse foi mais contundente ao sabermos que não só as mulheres realizam o MC, mas também outras pessoas da família do recém-nascido e, em destaque, o pai.

Historicamente, cabia à mulher realizar o MC e com essa informação e fundamentados em leituras de artigos e livros menos recentes, podemos confirrmar e talvez até afirmar que no imaginário de muitas pessoas, é delegado somente à mãe colocar o recém-nascido em contato pele a pele.

Diante dessa realidade questionamos: qual o sentimento do pai referente à realização do Método Canguru? Como percebe a reação do seu filho no contato pele a pele com você?

Acreditamos que o conhecimento da percepção e do sentir dos pais na realização do MC poderá subsidiar uma relação mais humana e mais compreensível desse método considerado, inicialmente, como pertencente a mulher. Destaca-se, ainda, existir uma lacuna de conhecimentos na abordagem ao pai canguru na literatura atual.

Com isso, o objetivo deste trabalho é compreender a percepção do pai em relação ao método canguru que realiza com o recém-nascido prematuro.

2 REVISÃO DA LITERATURA

Antes de apresentar a abordagem de alguns autores estudiosos do Método Canguru, acreditamos ter pertinência discorrer um pouco sobre a Portaria nº 693/GM de 5 de julho de 2000 que versa sobre a Norma de Orientação para a Implantação do Método Canguru.

A Portaria nº 693/GM estabelece que as unidades/instituições de saúde onde o Método Canguru já se encontra implantado deverão manter o que vêm fazendo, introduzindo apenas as novas adaptações no sentido de melhorar a eficiência e a eficácia da atenção ao recém-nascido de baixo peso bem como aos seus familiares (BRASIL, 2000).

Essa Portaria enfatiza que os avanços tecnológicos para diagnóstico e manuseio de recém-nascidos enfermos, principalmente, os de baixo peso, melhoraram muitíssimo as chances de vida desse grupo e que o desenvolvimento adequado dessas crianças é determinado pelo equilíbrio entre o atendimento das necessidades biológicas, ambientais e familiares, promovendo, por conseguinte, mudanças capazes de promover a humanização do atendimento. Dessa forma, a estratégia do Método Canguru é essencial na promoção de uma mudança institucional na busca da atenção à saúde centrada na humanização da assistência e no princípio de cidadania da família (BRASIL, 2000).

Dentre outras normas/abordagens preconizadas na Portaria nº 693/GM temos também a definição do que seja Método Canguru.

> ... é um tipo de assistência neonatal que implica o contato pele a pele precoce entre a mãe e o recém-nascido de baixo peso, de forma crescente e pelo tempo que ambos entenderem ser prazeroso e suficiente, permitindo, dessa forma, uma maior participação dos pais no

cuidado ao seu recém-nascido (BRASIL, 2000, p.3).

Apreendemos, nesse conceito, que compete à mãe, em primeira instância, a realização do Método Canguru. Apreendemos, também, que fica explícito nesse conceito que a participação na execução desse método cabe aos pais. Entretanto, vários artigos e mesmo livros que discorrem sobre essa temática abordam unicamente a mãe como a pessoa que realiza o Método Canguru.

Para Lamy et al. (2005), no Brasil, o Hospital Guilherme Álvaro, em Santos, São Paulo, foi o primeiro a utilizar o cuidado canguru, em 1992; no ano seguinte essa estratégia foi adotada pelo Instituto Materno Infantil de Pernambuco (IMIP), na cidade de Recife, em Pernambuco. Assim, a partir dessas experiências, vários outros hospitais brasileiros começaram a utilizar a posição canguru, sem, contudo, usar uma metodologia e critérios adequados para sua implementação. Assim, surge a necessidade do Ministério da Saúde criar comissões de discussões com a intenção de padronizar esse tipo de cuidado, melhorando a eficiência e a eficácia do Método Canguru.

Ainda Lamy et al. (2005), fazendo uma análise da Portaria nº 693/GM, cometam que existe diferenciação entre as denominações Posição Canguru e Método Canguru. Posição Canguru consiste em manter o RN de baixo peso, ligeiramente vestido, em decúbito prono, na posição vertical, contra o peito de um adulto e que o Método Canguru é mais abrangente e ultrapassa a Posição Canguru. Uma grande diferença encontra-se na instabilidade clínica que o bebê pode apresentar que o impede de ser colocado em posição canguru, mas as ações que envolvem o método já foram iniciadas através do acolhimento à família, da construção de rede social e da atenção individualizada ao bebê.

A Portaria nº 693/GM apresenta, dentre outros pontos, os critérios fundamentais que uma instituição de saúde deve ter para implantação do

Método Canguru. Dentre eles, destacam os recursos humanos, os recursos físicos e os recursos materiais. No que diz respeito aos recursos físicos são necessários: a colocação de assentos removíveis; os quartos ou enfermarias devem obedecer a norma já estabelecida para alojamento conjunto, com aproximadamente 5m² para cada conjunto leito materno/berço do recém-nascido, cuja localização propicie facilidade de acesso ao setor de cuidados especiais, sendo que os postos de enfermagem devem localizar-se próximos a essas enfermarias e cada uma delas dever possuir um banheiro (BRASIL, 2000).

Percebe-se, assim, que a implantação do Método Canguru vai muito além do que simplesmente querer implantá-lo. Normas, pessoal capacitado, recursos materiais e físicos para a permanência das mães e familiares têm que ser respeitados. Talvez, por conta disso, várias instituições de saúde/maternidades até hoje ainda não implantaram esse Método.

Segundo Furlan, Scochi e Furtado (2003), a permanência da mãe no Método Canguru, na instituição, só foi possível acontecer com a instituição do regime de semi-internação. Trata-se de uma estratégia que pode reduzir a ansiedade e os problemas familiares decorrentes da ausência materna no domicílio, mas, por outro lado, trouxe, no seu bojo, mudanças no cotidiano familiar. No que tange às mães de menor poder aquisitivo, para algumas delas, significou certo desgaste físico e emocional e maior gasto com o transporte. Essas dificuldades foram minimizadas pelo fato das instituições de saúde oferecerem recursos para o transporte, alojamento e alimentação das mães. Algumas dessas instituições ainda desenvolvem trabalho articulado com a rede básica de saúde e outros setores sociais. Maior destaque é relativo à participação efetiva da rede de apoio informal junto à clientela, envolvendo amigos, vizinhos, dentre outros.

Na versão de Cabral e Rodrigues (2006), devido à necessidade de cuidado, observou-se que, pelo fato de o bebê ser prematuro com menos de dois quilos, os pais não tinham habilidade para realizar certos procedimentos, tais como administrar medicação via oral, dar banho, e realizar o método canguru, entre outros. Por conta disso, essas autoras desenvolveram a intervenção educativa junto com a família para estimular o aleitamento e as práticas dos cuidados de acordo com a demanda do neonato. Para elas, cuidar de crianças de baixo peso, requer um cuidado especial. É preciso orientar mais a mãe no ambiente hospitalar sobre o cuidado com o recém-nascido (RN), o que requer atenção ao estado psicológico dos pais, principalmente da mãe que permanece na instituição por tempo integral, vendo e passando pelas mais difíceis aprovações, o que a torna mais potencializada para a realização do cuidado da criança, rompendo com seus medos de tocar e remanejar o corpo.

De acordo com Costa e Monticelli (2006), sobre a percepção dos profissionais de saúde acerca do Método Mãe Canguru – MMC é eficiente à busca da qualidade de assistência prestada ao recém-nascido, pois é um cuidado individualizado aliado à tecnologia e à sensibilidade. O MMC favorece a entrada dos pais na unidade neonatal, promove o acolhimento da família, ampliando o foco do nosso cuidado para além do RN. Os profissionais são impulsionados a modificarem certas atitudes, no sentido de reduzir os estímulos comportamentais. Há necessidade da promoção da integralidade das ações dos profissionais para que a proposta não sofra descontinuidade. De outro ângulo, contudo, os profissionais ainda discutem que existe um fator que dificulta o desenvolvimento do MMC por desinteresse e a resistência manifestada pela pouca credibilidade que alguns profissionais atribuem ao MMC, pois as dificuldades surgem por ser um cuidado individualizado.

Para Neves et al. (2006), ainda existem aqueles profissionais que não confiam no Método Canguru, pois acham que o método está desvalorizando a tecnologia desenvolvida para os cuidados dos recém-nascidos especiais. Contudo, faz-se necessário lembrar que toda iniciativa que promova a vida e a sobrevida deve ser interativa e integrada as já existentes visando uma melhoria na qualidade da assistência multiprofissional e da vida do neonato.

Rodrigues e Cano (2006) relatam que o resultado de uma pesquisa obtida em dois dias não foi constatado que o Método Canguru faz com que o recém-nascido ganhe peso e diminua o seu tempo de internação, como também não ficou constatado que seja contrário. Recomendam que seja feito um estudo prospectivo para detecção de outras vantagens do Método, como, por exemplo, a diminuição de infecções.

Podemos afirmar que os vários artigos lidos nos mostraram uma abordagem mais voltada para a mãe na realização do Método Canguru, havendo, inclusive, artigos que falam, de forma explícita, em Método Mãe Canguru. Fica claro, sem dúvida, que este Método traz humanização para o recém-nascido por permitir a participação da mãe e dos familiares na assistência neonatal e para os próprios pais na medida em que suas presenças na instituição, ao lado do filho, diminui-lhes a ansiedade, o medo e os educa para cuidar do filho quando recebe alta. Cabe, portanto, aos profissionais de saúde, o uso de seus conhecimentos técnico científicos, éticos e humanos, aliados à tecnologia existente permitindo que o recém-nascido pré-termo/baixo peso desfrute junto com a família dos cuidados especializados que necessitam, de forma mais humana, construindo precocemente os laços de amor entre si e o seu núcleo familiar.

3 METODOLOGIA

3.1 Pressupostos da pesquisa qualitativa

Para se alcançar o objetivo proposto neste estudo realizamos uma pesquisa qualitativa uma vez que os seus pressupostos têm aderência com o objeto de estudo e pode, por conseguinte, fundamentar a trajetória do nosso caminhar.

Segundo Minayo et. al. (2001), a pesquisa qualitativa se preocupa, nas ciências sociais, com um nível de realidade que não pode ser quantificado. Ela trabalha com o universo de significados, motivos, aspirações, crenças, valores e atitudes, o que corresponde a um espaço mais profundo das relações e dos fenômenos que não podem ser reduzidos à operacionalização de variáveis.

Dessa forma, a abordagem qualitativa aprofunda-se no mundo dos significados, das relações humanas, um laço não perceptível e não captável em frações, medidas e estatísticas.

Os fundamentos da pesquisa qualitativa, nas ciências sociais, são os principais clássicos utilizados nas ciências da natureza, tais como: o mundo social opera de acordo com leis casuais; o alicerce da ciência é a observação sensorial e a realidade consiste, de um lado, em estruturas e instituições identificáveis enquanto dados brutos, ou seja, objetivos e, por um lado, em crenças e valores, ou seja, em dados subjetivos (MINAYO et al. 2001).

Diante do exposto, para este estudo, o método qualitativo foi o que tem maior sintonia uma vez que buscamos compreender uma realidade que é vivida e experienciada pelos pais de recém-nascidos que participam do Método Canguru.

3.2 Local de desenvolvimento da pesquisa

Este estudo foi realizado na Unidade de Cuidados Intermediários -UCI, do Hospital Sofia Feldman.

3.3 Sujeitos e Coleta de dados

Os sujeitos desta pesquisa foram os pais que realizam a posição ou o Método Canguru, no Hospital Sofia Feldman e que quiseram espontaneamente participar do estudo. Como critérios de inclusão, destacamos: pais acima de 18 anos de idade e que tivessem colocado o filho pelo menos duas vezes ou mais na posição/Método canguru.

Dentre às diversas formas de abordagem técnica do trabalho de campo, utilizamos a entrevista, por se tratar de um dos importantes componentes da pesquisa qualitativa.

De acordo com Minayo et. al. (2001), a entrevista é o procedimento mais comum no trabalho de campo. Por meio dela, o pesquisador busca obter informes contidos na fala dos sujeitos. Esclarecem que a entrevista não significa uma conversa despretensiosa e neutra, uma vez que se insere como meio de coleta dos fatos relatados pelos sujeitos, enquanto sujeitos-objeto da pesquisa e que vivenciam uma determinada realidade que está sendo focalizada.

Ainda na concepção desses autores, a entrevista, num primeiro nível, se caracteriza por uma comunicação verbal que reforça a importância da linguagem e do significado da fala. Já, num outro nível, serve como um meio de coleta de informações sobre um determinado tema cientifico. Através desse procedimento, podemos obter dados objetivos e subjetivos. Os dados subjetivos se relacionam com os valores, as atitudes e as opiniões dos sujeitos entrevistados. Em geral, as entrevistas podem ser estruturadas e nãoestruturadas, correspondendo ao fato de serem mais ou menos dirigidas. Na entrevista aberta ou não-estruturada, o informante aborda livremente o tema proposto.

Neste trabalho, optamos pela entrevista aberta, pois nossa intenção era que os pais falassem livremente sobre o ser pai canguru.

Antes, porém, acreditamos ser necessário relatar a trajetória e o processo vivido por nós para obtenção das entrevistas. Num primeiro momento, fomos para o Hospital Sofia Feldman esperançosos de que faríamos algumas entrevistas já no primeiro dia. Engano e angústia. Não tinha um pai sequer nesse dia, mês de outubro, as mães nos informaram que geralmente os pais vão ao Hospital nos finais de semana. Agendamos com os colegas, nossa ida a UCI do Hospital Sofia Feldman no sábado e domingo. Apenas um pai esteve presente nesse final de semana, apesar de termos ficado praticamente o domingo inteiro no hospital.

Diante desse quadro angustiante e com o firme propósito de levar a cabo nossa pesquisa, conversamos com as mães dos bebês que faziam a posição canguru e aquelas mães cujos companheiros já faziam esse método e já o tinham realizado por mais de duas vezes, pedimos-lhes que convidassem os companheiros para irem ao hospital, no dia que pudessem para que nós os encontrássemos e pudéssemos fazer a entrevista. Em todo o decorrer do processo de coleta de dados estivemos atentos aos critérios de inclusão e aos aspectos éticos que regem a pesquisa com seres humanos.

Assim, as entrevistas foram acontecendo, principalmente nos finais de semana. Cada pai, que após explanação dos objetivos da pesquisa e de tudo o que rege seu caminhar, aceitou participar com o seu depoimento, foi levado para um espaço privativo e o mais isento de ruídos. As entrevistas foram gravadas após anuência de cada pai para obter mais fidedignidade dos depoimentos e respectiva assinatura do Termo de Consentimento Livre e Esclarecido. (Apêndice A).

A entrevista teve início com as questões disparadoras: ***O que significa para você ser um pai canguru? Como percebe a reação do seu filho no contato pele a pele com você?***

Obtivemos sete entrevistas, tendo em vista que as falas se tornaram repetitivas já na sexta entrevista. Entretanto, o sétimo pai se ofereceu para prestar seu depoimento quando nos escutou convidando um dos pais que se encontrava na UCI. Agendamos com ele o dia mais propício para ele e fizemos assim a entrevista.

3.4 Aspectos éticos.

Este estudo foi realizado obedecendo ao disposto na Resolução 196/96 (BRASIL,1996) que trata de pesquisa com seres humanos. Dessa forma, as entrevistas foram coletadas depois que o projeto foi aprovado no Comitê de Ética do Hospital Sofia Feldman (Anexo 1)

3.5 Análise dos dados.

De posse das entrevistas transcritas, utilizamos os ensinamentos de Minayo et. al. (2001) para se trabalhar com discursos, ou seja, leitura de cada entrevista na íntegra para apropriação de seu conteúdo; mais releituras de cada entrevista ligando o seu conteúdo com o objetivo do trabalho e destacando as unidades de registro que foram colocadas em itálico; união das unidades de registro similares para construção das categorias. Nessa etapa, retornamos várias vezes à leitura do conteúdo expresso e implícito em todas as unidades de registro para maior compreensão desse fenômeno, em estudo.

A partir de processo de idas e vindas, construímos três categorias de análise: O ser pai canguru; Posição canguru é dar/receber tranqüilidade e o Método Canguru.

Iremos identificar cada entrevista com nome de anjos, por que está interligado com amor, dedicação e cuidar do próximo, como se fosse um guardião de uma outra pessoa. A palavra "anjo" é derivada da palavra grega "angelos" que significa,"mensageiro". As primeiras descrições sobre anjos apareceram no Antigo Testamento. A Bíblia se refere aos anjos como seres intelectuais, superiores aos homens e inferiores a Deus.

No próximo capítulo apresentaremos as categorias com suas respectivas análises.

4 APRESENTAÇÃO E DISCUSSÃO DOS RESULTADOS

A leitura das entrevistas, a decodificação do sentido expresso em cada uma delas, a união das unidades de registro pela sua convergência possibilitou construir as três categorias, conforme dito no capítulo anterior. Essas três categorias se mostram interligadas, tendo como fio condutor as questões do significado de ser um pai canguru, posição canguru e dar e receber tranqüilidade e a Na realização do método o seu contexto e percebendo assim a reação do recém-nascido no contato pele a pele com ele.

Cabe-nos, nesse momento, narrar o como codificamos as entrevistas e as unidades de registro. Os verdadeiros nomes dos pais partícipes desta pesquisa foram substituídos pelos nomes de anjos conforme explicitado, anteriormente, para que tivessem, também, preservados o seu anonimato.

4.1 O ser pai canguru

A questão de ser o pai canguru aparece de forma explícita e, às vezes, vista como proteção, carinho, dedicação e amor. O pai, mesmo com todas as transformações por que passa a família, ainda tem demonstrado ter papel subsidiário à mãe no relacionamento e cuidado com o filho.

Uma das contribuições do Cuidado Canguru é a de aumentar a confiança dos pais.

Entretanto, historicamente, o Método Canguru esteve ligado unicamente à mãe. Mesmo os documentos do Ministério da Saúde, em diversos trabalhos divulgados, imprimem à mulher a posição canguru. Essa nossa afirmativa encontra respaldo nos dizeres: Método Canguru é um tipo de assistência neonatal que requer o contato pele a pele precoce entre a mãe e o seu filho de baixo peso, de forma crescente e pelo tempo que ambos entenderem ser prazeroso e suficiente (BRASIL, 2000).

Hoje, ainda causa estranhamento nas pessoas o ouvir dizer que os pais realizam a posição canguru com os seus filhos. Contudo, podemos afirmar, pela nossa observação, que a posição canguru não depende de gênero, mas de disponibilidade, de aconchego, de conhecimento de seu valor para ambos: pais e bebês e da intencionalidade posta no ato de cuidar.

Durante a realização da posição canguru, observamos a satisfação e a emoção do pai de estar pegando a filha no colo pela primeira vez sob a afirmativa: *"fiquei super a vontade e feliz de estar pegando a filha no colo"* (*Miguel*). Essa afirmativa mostra que a realização do método deixa o pai à vontade como se fosse uma situação natural e de fato o é, segurar o filho no colo, só que em uma posição diferenciada: próximo do coração, pele a pele.

Em alguns pais notamos que o ser pai canguru lhe propiciou segurança e prazer para tocar o seu recém-nascido. Algumas unidades de registro destacam que, durante o método canguru, esses sentiram certo alivio mental e físico e se sentiram revigorados para o enfretamento do dia a dia. Para alguns pais a posição canguru não é somente colocar o recém-nascido no contato pele a pele, mas sim: "*Para mim, é um pai que está disposto a cuidar da filha no momento em que está alegre, triste, no momento em que está sentindo dor, ou seja, procura reconhecer o que ela está passando* " (Gabriel). Percebe-se, por essa declaração, que o pai tem a dimensão do cuidar integral da sua filha e que ele se concretiza em todos os momentos vividos por ela. Além disso, ele fortalece um vínculo na tríade familiar entre mãe-filho-pai.

Os dizeres desse pai são respaldados pela afirmação de Caetano, Scothi, Ângelo (2005) relativa ao método que apresenta, dentre outros benefícios, o fortalecimento dos laços afetivos mãe - bebê –família.

Outro aspecto interessante é que alguns pais já tinham conhecimento do método, mas somente em relação ao ganho de peso. A unidade a seguir expressa isso bem: " *Aí eles falaram que o canguru é para a menina ganhar mais peso, para ter mais contato com o pai e a mãe"* (Rafael*)*.

Vendo o método como um instrumento para ganhar peso, os pais o realizam diariamente para que seu filho ganhe peso rapidamente, para receber alta, podendo ganhar até 100 gramas diariamente: *Eu acho que será muito importante para mim e para minha filha por que estou querendo que ela saia daqui o mais rápido (*Rafael).

A responsabilidade da recuperação do recém-nascido não está delegada exclusivamente à mãe. O pai também pode e deve estar dividindo os cuidados, o que o faz sentir-se valorizado por estar ajudando na recuperação do seu filho: " *em relação ao pai ser uma experiência nova, é a melhor que eu tive ate hoje" (Serafiel*).

Serafiel, como pai, explicita o prazer, o sentir-se útil, o sentir-se vivenciando uma nova experiência enquanto pai, deixando-nos inferir que ser pai extrapola o ser provedor, o companheiro, o estar presente: é também cuidar do filho pequeno, no hospital, dando-lhe calor humano, unindo-o corpo a corpo, trazendo-lhe a possibilidade de ganhar peso, de construir vínculo, de viver.

Scochi (2000) acredita que o aumento da sobrevida do recém-nascido prematuro traz a necessidade de outras formas de atendimento tais como o afeto, à construção do vínculo, o acolhimento e o desenvolvimento integral da criança e da família.

Percebemos que através dos dados colhidos, o método pai canguru é muito mais que um ato de ganho de peso, mas a somatória de vários pequenos gestos que ressaltam que os valores adquiridos dos laços familiares vão além de uma posição da criança no colo. São sentimentos e atitudes que acompanham o desenvolvimento e o crescimento do filho, conforme atesta: "[...] *principal que é o amor que o pai passa para o filho através deste método" (Kemuel).*

4.2 Posição canguru é dar /receber tranquilidade

Os sentimentos e a concepção dos pais em relação ao método canguru podem ser considerados um instrumento sensível para indicar alterações emocionais do recém-nascido e dos familiares. Tanto é assim que o pai está envolvido como um todo nesse momento de afetividade entre ele e sua filha, conforme relata " *é até emocionante ver ela mais segura e tranqüila... eu deveria ter adotado esse método há mais tempo* " (Miguel).

A percepção do quanto foi bom para a filha o estar com ela bem próxima ao coração, pele a pele e sentir o resultado positivo dessa relação faz com que o pai sinta emoção e o desejo de ter feito esse contato bem antes.

Os sentimentos de prazer de ver o filho bem a partir do contato de seu de seu corpo e as expectativas dos pais perante o método são notáveis. Vejam a unidade de registro: "*Nossa!! É, quando peguei ele nos meus braços ele ficou tranqüilo, sereno; foi uma coisa muito gostosa*" (Uriel).

Uma vez que o recém-nascido sente essa proteção do pai durante o método, podemos dizer tratar-se de uma forma de contribuição para a formação de uma identidade para esse recém-nascido.

Nesse momento, convém lembrar o que Boff (1999) nos apresenta em relação ao cuidado com o outro, lugar de nascimento da ética, que reside na relação de responsabilidade diante do outro.

> Quando dizemos ser-no-mundo não expressamos uma

> determinação geográfica como estar na natureza, junto com plantas, animais e outros seres humanos. Isso pode estar incluído, mas a compreensão de ser-no-mundo é algo mais abrangente. Significa uma forma de existir e de co-existir, de estar presente, de navegar pela realidade e de relacionar-se com todas as coisas do mundo. Nessa co-existência e convivência, nessa navegação e nesse jogo de relações, o ser humano vai construindo seu próprio ser, sua autoconsciência e sua própria identidade (BOFF, 1999, p. 92).

Constatamos que o método canguru proporciona vários benefícios ao RN pois, sendo com o pai, ele se relaciona com ele e constrói seu próprio ser. Além do mais, estar perto do corpo paterno é auscultar-lhe o som do coração e o calor humano, o que lhe transmite calma e serenidade, segurança e tranqüilidade e o pai, por sua vez, permite-se estar participando dessa troca de carinho e de cuidados: *"Notei o meu filho mais tranqüilo, parou imediatamente de chorar"* (Rafael).

Para Neves et al. (2006), tudo que promova a vida e a sobrevida deve ser interativo e integrado aos já existentes na busca de uma melhoria na qualidade da assistência multiprofissional e da vida do neonato. Esses autores reforçam que se deve aliar além do afeto e o contato pele a pele com o recém-nascido, uma busca pelo bem-estar tanto do pai quanto do recém-nascido.

Dentre toda a realidade presenciada por nós no contato com os pais cangurus o que mais nos marcou foi resultado positivo e explicitado por eles no que diz respeito ao desenvolvimento do contato pele a pele com os filhos e a percepção dos pais quanto ao vínculo afetivo e emocional instituído entre ambos o que favoreceu uma aproximação mais humanizada e qualificada com os RNs e assim, eles responderam com tranquilidade e serenidade.

4.3 O método canguru e seu contexto.

Durante a realização do nosso trabalho em campo percebemos resistência de alguns pais para a prática do canguru. Um dos fatores dessa resistência foi o constrangimento pelo fato de usarem a camisola feminina.

Essa declaração nos fez ver que, de fato, não existe uma vestimenta masculina para a realização do método. A fala de Miguel denuncia essa situação: *"muitas pessoas têm vergonha em realizar esse método por causa de colocar a camisola".* Outro pai, na mesma linha de raciocínio, também afirma que a camisola é um fato real e que traz vergonha: "*Acho que foi mais coragem, tem pai que tem vergonha, e não tem coragem"* (Uriel).

O ter coragem, apesar de tudo, é sinal de que o cuidar do filho para que fique saudável e saia bem do hospital pode ser o motivo que leva alguns pais a superarem a vergonha. Afinal, o Método Canguru é uma forma humanizada e eficaz de cuidar de recém-nascidos de baixo peso ou pré-termo e sua família.

Segundo o Ministério da Saúde (2002), há várias vantagens que esse método proporciona, uma vez que diminui o tempo de separação do recém-nascido com a família, diminui as doenças e as infecções hospitalares e dá aos pais maior autonomia e confiança para cuidarem e tocarem os seus filhos, dentre outros benefícios.

A realização do método canguru com seu filho é um momento mágico para o pai após um dia pesado de trabalho. Ele trabalhou e se preocupou e se cansou. Porém, tudo se torna relevante quando se está com seu filho. É quando ele relaxa e se esquece dos problemas cotidianos. Vejamos o que nos traz um pai: "*Você passa stress no trabalho e quando você vem para o hospital e realiza esse método, você esquece que teve um dia difícil e todos os problemas e se concentra em seu filho...é como se fosse um alivio para tudo" (Serafiel).*

Esse depoimento projeta luz sobre várias ações que devem ser tomadas para que o pai canguru encontre espaço em todos os hospitais, quer sejam públicos, privados ou filantrópicos. Nessa relação de trocas entre pai e filho percebe-se que ambos saem com ganhos efetivos e eficazes. Com certeza, a própria instituição de saúde também ganha já que a permanência do recém-nascido diminui.

Dessa forma, a estratégia do Método Canguru é essencial na promoção de uma mudança institucional na busca da atenção à saúde centrada na humanização da assistência e no princípio de cidadania da família (BRASIL, 2000).

Costa e Monticelli (2006) recomendam que se desenvolva o método canguru, pois ele favorece a entrada dos pais na unidade neonatal e, assim, cria vínculos com eles entendendo que cuidar do RN inclui o compartilhar com os pais esse cuidado. Por outro lado, a equipe de saúde é incentivada a modificar certas atitudes para que ocorra promoção da integralidade das ações e a proposta não sofra descontinuidade.

Praticar o método canguru, em ambiente hospitalar, foi de suma importância para que o pai desse continuidade com os cuidados com o RN em domicilio: *"Eu gostaria de realizar esse método na minha casa por que foi uma experiência para mim muito boa*" (Uriel).

Queremos registrar mais uma vez o que identificamos durante a coleta das entrevistas: a camisola feminina usada pelos pais como fator dificultador da não realização do método por alguns pais.

No geral, queremos registrar, também, que todos os pais que se disponibilizaram a fazer o método canguru ficaram encantados e fascinados com a sua realização, querendo até mesmo estender para o nível domiciliar.

Esse desejo e disponibilidade de fazer o canguru são muito importantes para até mesmo incentivar a mãe e colaborar com ela na execução do método.

5 CONSIDERAÇÕES FINAIS

O interesse do grupo em desenvolver esta pesquisa com ênfase no pai, emergiu de experiência vivida por um dos graduandos em uma unidade neonatal

O estudo mais específico de temas inerentes à prática do método canguru já praticado pelas mães e abordados teoricamente na disciplina O cuidar da mulher e do recém-nascido nos despertou grande interesse. Além do mais, tínhamos a intenção de aprofundar conhecimentos relativos aos cuidados com o recém-nascido prematuro.

Durante as discussões para realização do nosso projeto de pesquisa, chegamos à conclusão de que era de fundamental importância estar incluindo o pai como sujeito da pesquisa, tendo em vista que pouquíssimos estudos o abordam enquanto pessoa que, além da mãe, realiza a posição canguru e assim contribui e compartilha do cuidar integral do próprio filho prematuro.

Apesar das dificuldades encontradas, a realização deste estudo foi de grande importância para o crescimento do grupo, pois, tivemos que lidar com algumas questões que se de início nos deram a idéia de obstáculos intransponíveis, no final nos fizeram crescer como pessoas e profissionais.

É oportuno noticiar que tivemos a chance de dar continuidade em cuidados domiciliares após a alta dos RNs.

O contato com os pais e mães antes e durante a coleta das entrevistas nos permitiu perceber uma real modificação no comportamento do pai em relação à confiança de cuidar de seu filho a partir do momento em que realiza o método, pois muitos deles, ao terem o contato físico com o seu filho, expressavam emoção, alegria, além de se sentirem úteis, solidários e corresponsáveis em ajudar o seu filho a ir para a casa o mais rápido possível.

Em relação à modificação da percepção dos pais após a realização do método, podemos comprovar e os pais também advogam a esse favor que a maioria dos recém-nascidos se mantinha calmos, tranquilos e adquiriam peso fatos que para a maioria dos pais que conhecia o método canguru era apenas um mito e que agora estavam sendo corroborados por eles.

Este estudo nos permitiu reconhecer que a inserção do pai no método canguru é de grande valia nas UCIs, atende ao que a literatura e os estudiosos do desenvolvimento infantil enfatizam sobre a importância da construção do vínculo precoce entre pais e filhos e de que o homem é corresponsável pelo cuidar do filho em qualquer situação que se apresente.

Apresenta como desafio, o repensar das atitudes da equipe multiprofissional e, em específico, dos enfermeiros, no que tange ao acolhimento do pai canguru na unidade de cuidados, pensando não somente na preparação dele para o posicionamento do filho ao peito, mas também da vestimenta mais adequada para que não se sinta constrangido no espaço hospitalar.

Outra proposta que apresentamos é a de que toda a equipe de trabalho em serviços que desenvolvem a posição canguru dê a capacitação para os seus funcionários e que esses possam comungar dos pressupostos do Canguru e, assim, preparar melhor os pais/mães e familiares que queiram ser atores titulares nesse processo de cuidar da criança prematura.

O desenvolvimento deste estudo nos presenteou com a visão ampliada de que devemos articular o trabalho entre os diferentes profissionais, melhor comunicação entre profissionais/profissionais e profissionais/pais e profissionais /recém-nascidos para que a rede de atenção à saúde das pessoas seja construída, o cuidar integral se efetive e todos vivam o processo de cuidar sentindo-se cuidadores e cuidados.

REFERÊNCIAS BIBLIOGRÁFICAS

BRASIL. Ministério da Saúde. Departamento Nacional de Auditoria do SUS. Disponível em: <http:// www. gov.br/legisla/legisla/rec_n /GM_P693.Acesso em 04 de setembro de 2009.

BOFF, Leonardo. Saber cuidar. Ética do Humano – compaixão pela terra. Petrópolis, RJ: Vozes, 2004.

CABRAL, Ivone Evangelista; RODRIGUES, Elisa da Conceição O método mãe canguru em uma maternidade do Rio de Janeiro 2000-2002: necessidades da criança e demanda de educação em saúde para os pais. **Texto & Contexto Enfermagem** , Florianópolis v.15, n. 4, p., out./dez . 2006. Dísponivel em :http://www. scielo.br/scielo. Acesso em 15 de maio de 2008.

CARDOSO, Antonio Carlos Alves et al.Método Mãe Canguru: aspectos atuais.[2006]. Disponível em :<http://pediatriasaopaulo.usp.br/upload/html/. 1168/ body/07htm> Acesso em : 10 jun.2008

CHARPAK N, CALUME, Z.F & HAMEL A .**O método mãe canguru** – pais e familiares de bebês prematuros podem substituir as incubadoras. Chile: McGraw Hill. 1999. Edição brasileira.

COSTA, Roberta; MONTICELLI, Marisa. O método mãe-canguru sob o olhar problematizador de uma equipe neonatal..**Rev Brasileira de Enfermagem**, Brasília, v..59, n. 4 ,jul./ago 2006. Disponível em :http://www.scielo.br/scielo. Acesso em 15 de maio de 2008.

FURLAN, Cláudia Elisângela Fernandes Bis; SCOCHI, Carmen Gracinda Silvan; FURTADO, Maria Cândida de Carvalho. Percepção dos pais sobre a vivência no método mãe-canguru. **Rev. Latino-Americana de Enfermagem**, Ribeirão Preto , v.11, n. 4, p.14-25, jul./ago 2003. Disponível em:http://www.scielo.br/scielo.Acesso em : 15 de agosto de 2008

LAMY Zeni Carvalho et al.. Atenção humanizada ao recém-nascido de baixo peso - Método Canguru: a proposta brasileira. ***Ciênc. Saúde Coletiva*** . 2005, v.10, n.3, p. 659-668. ISSN 1413-8123.

MINISTÉRIO DA SAÚDE. *Atenção humanizada ao recém nascido de Baixo Peso – Método Mãe-Canguru – Manual Técnico.* Brasília.2002

MINAYO, Maria Cacilia de Souza (org.).**Pesquisa social**; teoria método e criatividade.18 ed.Petropolis:Vozes,2001.80p.

NEVES, Fabrícia Adriana Mazzo, et al. Assistência humanizada ao neonato prematuro e/ou de baixo peso: implantação do Método Mãe Canguru em Hospital Universitário. **Acta Paulista de Enfermagem,** São Paulo, v..19, n.3,p.23-32. jul./set. 2006. Disponível em: <http://www.scielo.br/scielo. Acesso em 15 de maio de 2008.

POPE, Catherine; MAYS, Nicholas. **Pesquisa qualitativa na atenção à saúde**. Tradução Ananyr Porto Farjado. Porto Alegre: Artmed , 2005. 118 p.

RODRIGUES, M. A. G.; CANO, M. A. T. Estudo do ganho de peso e duração da internação do recém-nascido pré-termo de baixo peso com a utilização do método canguru. **Rev. Eletrônica de Enfermagem**, Franca/SP, v. 08, n. 02, p. 185-191, 2006. Disponível em: <http://www.fen.ufg.br/revista/revista. Acesso em 15 de maio 2008.

SCOCHI, C.G.S. A humanização da assistência hospitalar ao bebe prematuro: bases teóricas para o cuidado de enfermagem. 2000. 245 f.Tese (Livre docência). Escola de Enfermagem, Universidade de são Paulo, Ribeirão Preto,2000.

ANEXOS

ANEXO A - PARECER do HOSPITAL DO SOFIA FELDMAN

www.sofiafeldman.org.br 31 3408 2200
Rua Antônio Bandeira, 1060 - Bairro Tupi
Belo Horizonte/MG - CEP 31844-130
Fax: (31) 3433-1601

PARECER DE RELATOR – nº 89 /2009 SISNEP:

(favor citar esse número em suas comunicações com o CEP/HSF)

Título do projeto – A percepção do pai canguru acerca do Método Canguru.

Interessados

√ Dra. Matilde Meire Miranda Cadete (orientadora)

√ Andréia de Fátima Moura (graduanda)

√ Cleide José Vieira Campos (graduanda)

√ Cristiano Alves Rodrigues (graduando)

√ Tatiana de Souza Augusto (graduanda)

DECISÃO

O Comitê de Ética em Pesquisa do Hospital Sofia Feldman (CEP/HSF) analisou em plenária realizada no dia 1º de outubro de 2009, o Projeto de Pesquisa intitulado: A PERCEPÇÃO DO PAI CANGURU ACERCA DO MÉTODO CANGURU e o considerou **APROVADO**, de acordo com o parecer de relator em anexo.

Reafirmamos que o relatório final deverá ser encaminhado ao CEP/HSF ao término do estudo, para fins de conclusão do processo.

Atenciosamente.

Dra. Lélia Maria Madeira
Coordenadora do CEP/HSF

Comitê de Ética em Pesquisa
HOSPITAL SOFIA FELDMAN
Reg. CONEP: 25000.030213/2006-91

Belo Horizonte, 01 de outubro de 2009

O período previsto para a coleta de dados é de 10 a 30 de outubro de 2009.

Aspectos formais: Quanto à documentação necessária à avaliação do projeto pelo CEP do Hospital Sofia Feldman constatou-se que o protocolo foi preenchido por completo e que não faltam documentos exigidos.

Mérito

O projeto propõe o estudo de um aspecto ainda pouco tratado que é a participação do pai no cuidado canguru, realizado com bebês prematuros. Do ponto de vista dos princípios éticos, o projeto obedece aos requisitos da resolução do CNS 196/96, tendo sido apresentado o modelo de TCLE, adequado ao desenho do estudo e à população a ser pesquisada.

Do ponto de vista do desenho do projeto, são feitas as seguintes sugestões:

- Explicitar no item II 4- plano de coleta e análise dos dados, o roteiro da entrevista e como será feita a análise dos dados;

-No item II.8 – local da pesquisa – pontuar os indicadores relacionados à realização do método canguru na UCI do Hospital, inclusive, indicando mesmo que empiricamente, qual o percentual de participação de pais no método.

Como os itens mencionados não se referem a questões de ordem ética, voto pela APROVAÇÃO do projeto.

SMJ.

Comitê de Ética em Pesquisa
HOSPITAL SOFIA FELDMAN
Reg. CONEP: 25000.030213/2005-91

APÊNDICE A – Termo de Consentimento livre e esclarecido

TERMO DE CONSENTIMENTO LIVRE E ESCLARECIDO – TCLE

Nós, Andréa de Fátima Moura, Cleide José Vieira Campos, Cristiano Alves Rodrigues da Silva e Tatiana de Souza Augusto, alunas do Curso de Graduação em Enfermagem da Faculdade Estácio de Sá de Belo Horizonte e a orientadora Profª Drª Matilde Meire Miranda Cadete, estamos desenvolvendo uma pesquisa com finalidade acadêmica intitulada: "A percepção do pai canguru acerca do Método Canguru". Sua colaboração é de fundamental importância para a realização deste trabalho, motivo pelo qual convido-o para participar. O seu consentimento em participar deve considerar as seguintes informações:

1. O objetivo do trabalho é compreender a percepção do pai em relação ao método

canguru que realiza com o recém-nascido prematuro;

2. Sua participação é voluntária e você pode desistir a qualquer momento, caso não deseje continuar participando, sem risco de qualquer natureza;
3. O seu nome será mantido em anonimato, ou seja, o seu nome não aparecerá em momento algum no trabalho e o que você nos disser é confidencial, ou seja, ninguém saberá que foi você quem deu a entrevista.;
4. Você não terá nenhum tipo de despesa e não receberá nenhuma gratificação para a participação nesta pesquisa;
5. Sua entrevista, se concordar, será gravada para não perdermos suas informações;
6. E ainda, sua participação bem como as informações prestadas não lhe causarão nenhum tipo de dano passível de indenização, ou seja, você nada receberá

para participar deste estudo e também, nada gastará com ele;

7. Serão respeitados os aspectos contidos na Resolução 196/96 sobre pesquisas envolvendo seres humanos;
8. Você poderá entrar em contato com os pesquisadores a qualquer momento que lhe convier ou com o Comitê de Ética do Hospital Sofia Feldman.

Profª Drª Matilde Meire Miranda Cadete
Avenida Francisco Sales, 23 – Floresta.
Tel.: 3279-7710

Andréia. De Fátima Moura.

Rua Miami, 139- Bairro Gávea, Vespasiano

Tel:3622-6316

Cleide Jose

Rua Carlos Alberto, 237 – Santa Mônica

Tel:3185270419

Cristiano Alves

Rua Ozanam 113 Casa 16 - Ipiranga

Tatiana se Souza augusto

Rua: Alfeu de carvalho, 141-tupi.

Tel: 3436-2913

CEP Hospital Sofia Feldman

Telefone:3408-2200

TERMO DE CONSENTIMENTO

Como sujeito, afirmo que fui devidamente orientado sobre a finalidade e objetivo do estudo, bem como da utilização dos dados exclusivamente para fins acadêmicos e científicos, sendo que meu nome será mantido em sigilo.

Nome do entrevistado

____

Assinatura

____

Pesquisadoras:

- Profª Drª Matilde Meire Miranda Cadete

Avenida Francisco Sales, 23 – Floresta / 3279-7710

➢ ____

ANEXO B - Entrevistas

ENTREVISTA 01 (Miguel)

1- O que significou para você ser um pai canguru?

E muito importante e trouxe um alivio, crescimento mentalmente e fisicamente[1] e *fiquei super a vontade e feliz de estar pegando a filha no colo*[2], outra que *passa tranqüilidade para o bebê parece que ela dorme mais e fica bem tranqüila e chora menos.*[3]

2- O que significou e o que você sentiu no contato pele a pele durante o método canguru?

Tranqüilidade[4]*. Ela ficou mais passiva apesar de ser pequenina; é até emocionante ver ela mais segura e tranqüila eu deveria ter adotado esse método a mais tempo.*[5]

Você gostaria de dizer mais alguma coisa?

Para mim é uma inovação esse método;[6] *muitas pessoas têm vergonha em realizar esse método por causa de colocar a camisola. Eu acho que pai mesmo tem que colocar a cara para estar realizando.*[7] *Eu gostaria de realizar esse método na minha casa por que foi uma experiência para mim muito boa.*[8]

ENTREVISTA 02 (Gabriel)

1- O que significa para você ser um pai canguru?

Para mim é um pai que está disposto a cuidar da filha no momento em que está alegre, triste no momento em que está sentindo dor, ou seja, procurar reconhecer o que ela está passando,[1] de *estar ajudando até a mãe de cuidar dela melhor.*[2]

2- Como você percebe a reação do seu filho no contato pele a pele com você?

Pai: Como assim?

Quando você foi fazer o método canguru como você observou o recém-nascido durante o método?

Foi tranqüilo. Ela se adaptou bem, sentindo um calor a não ser o da mãe.[3] Foi tranqüilo, foi um período depois que pariu que durou uma hora e *ela ficou quietinha igual eu falei com você que eu já tinha feito eu dormi com ela e foi minha esposa que me acordou*[4]. *Aí foi assim uma aceitação daquele método que estava se passando com ela.*[5]

ENTREVISTA 03 (Rafael)

1-Você sabe qual é o objetivo do método canguru, e para que ele serve?

A minha esposa falou que é para transferir mais o calor da gente que assim ele vai ganhar peso.

2- O que significa para você ser um pai canguru?

Eu não sei explicar o que é o método canguru não.

E o método que você pega seu bebê e coloca ele canguru (em pé) através do contato pele a pele ele vai ganhar peso, manter a temperatura, ele vai ficar mais saudável, mais tranqüilo e chorar menos. O bebê vai ficar mais disposto e mais animado, vai dormir melhor. O método tem muitos benefícios. Diante disso tudo, o que significa ser para você um pai canguru?

Eu acho que será muito importante para mim e para minha filha por que estou querendo que ela saia daqui o mais rápido[1] e isso já aconteceu outras vezes essa é a terceira vez que eu faço método canguru. *Aí eles falaram que o canguru e para a menina ganhar mais peso, para ter mais contato com o pai e a mãe.*[2]

3- Como você percebe a reação do seu filho no contato pele a pele com você?

O contato dela comigo foi de amor de pai para filho[3]*. Notei o meu filho mais tranqüilo parou imediatamente de chorar,*[4] *após o método a mãe falou que ele tinha também ganhado peso, foi muito bom.*[5]

Você acha que passou isso para ela?
Sim, acho que passei sim.

4- Na realidade o que significou realmente para você ser um pai canguru?

Acho que foi mais coragem, tem pai que tem vergonha, e não tem coragem[6]. Às vezes aquele que não faz e por que não tem amor pelo filho.

ENTREVISTA 04 (Uriel)

1-O que significa para você ser um pai canguru?

Eu acho. Para mim significa uma espécie de amor para o seu filho (criança) por que quando você tem um filho tem um laço muito forte e uma coisa muito boa, sua, seu sangue[1]. Por que *a criança quando nasce ela não reconhece que você é o pai dela. Então através deste método ela sentindo o cheiro do meu corpo o meu cabelo ela vai me reconhecer melhor.*[2] *Esse método para mim e um ato de amor.*[3]

2- Como percebe a reação do seu filho no contato pele a pele com você?

Nossa!! É quando peguei ele nos meus braços ele ficou tranqüilo sereno; foi uma coisa muito gostosa[4]*. Ela reagiu como uma espécie de reconhecimento e ela me reconheceu como pai depois de ter feito mais vezes o método, não da vontade de largar o meu filho e muito bom.* [5] *você passa stress no trabalho e quando você vem para o hospital e realizar esse método você esquece que teve um dia difícil e todos os problemas e se concentra em seu filho e como se fosse um alivio para tudo.*[6]

ENTREVISTA 05 (Serafiel)

1 - O que significa para você ser um pai canguru?

Ha...pparamim significa muito, significa sentir o calor da minha filha, sentir o coraçãozinho dela bater, o pulmão dela abrir e fechar[1], *sentir que eu transmito segurança para ela, que ela pode confiar em mim*[2], é... (*pausa*) sentir o calor do corpo dela, ela sentir o calor do meu corpo. Para mim ser um pai canguru... (pausa) *em relação ao pai ser uma experiência nova, é a melhor que eu tive ate hoje*[3].

2- Como você percebe a reação do seu filho no contato pele a pele com você?

A primeira vez, é ... (pausa) fiquei com ... com medo né, pelo fato de segurar uma criança muito frágil e sem prática de como lidar com ela, mas *a tranquilidade dela me ajudou*[4], mas foi uma experiência boa, uma experiência legal, experiência que vou levar para o resto da vida.

ENTREVISTA 06 (Kemuel)

1-O que significa para você ser um pai canguru?

Um pai coruja, e um pai que dá muito carinho eu gostei foi muito bom [1]e o *principal que é o amor que o pai passa para o filho através deste método*[2].

2- Como percebeu a reação do seu filho no contato pele a pele com você?

E uma emoção muito grande eu chorei por que foi incrível por que ela e a rapinha do taxo, *percebi que ela ficou mais segura, tranqüila ficou mais quentinha*[3], eu fiz três vezes e gostaria de fazer mais vezes por que por que a reação do meu filho foi tão mágica que dá vontade de fazer mais e mais vezes.

Entrevista 7 (Jeremiel)

1 -O que significa para você ser um pai canguru?

O pai canguru bom... *primeiramente o que senti nesses últimos dias e que minha esposa e eu estou aqui primeiramente e o amor...* primeiramente foi o amor, através da pele, contato nos tivemos com ele e.... aquele laço de afinidade a gente tem aquele pedacinho da gente, graças a Deus. *Segundo e a proteção e o carinho a gente se sente protegido, que ele se sente beneficiado nosso lado não tem como explicar...* como ele se sente que este protegido. *Esse metodo canguru tem dois pontos principais amor, carinho e de proteção* alem de tudo e o método que eu estou tomando mais conhecimento é um método bem benéfico pois em relação a saúde e a partir do momento que eu estou tomando conhecimento do método é bem benéfico para a saúde do bebe.

2 - Como você percebeu a reação do seu filho no contato pele a pele com você?

E a tranqüilidade quando eu bem te expliquei quando o bebe toca na gente sente aquela paz, fica mais tranqüilo, ate mesmo com a minha esposa e *a tranqüilidade consegue desenvolver melhor fica mais quietinho* quando ele estava chorando quando eu cheguei ele parou de chorar ficou tranqüilo na paz parou de chorar e a proteção.

3 - Tranqüilidade para ele?

Para sim por que é um feedback... sim e *a tranquilidade para ele e para a gente entendeu...* E o pedacinho da gente.

www.ingramcontent.com/pod-product-compliance
Lightning Source LLC
LaVergne TN
LVHW052053160826
845678LV00015B/3210
9786500463200